四川省工程建设地方标准

四川省建筑工程绿色施工规程

Regulations for Green Construction of
Building in Sichuan Province

DBJ51/T056－2016

主编单位：成 都 市 土 木 建 筑 学 会
　　　　　成 都 市 第 六 建 筑 工 程 公 司
批准部门：四 川 省 住 房 和 城 乡 建 设 厅
施行日期：2 0 1 6 年 8 月 1 日

U0334615

西南交通大学出版社

2016　成 都

图书在版编目（CIP）数据

四川省建筑工程绿色施工规程/成都市土木建筑学会，成都市第六建筑工程公司主编. —成都：西南交通大学出版社，2016.6

（四川省工程建设地方标准）

ISBN 978-7-5643-4704-8

Ⅰ. ①四… Ⅱ. ①成… ②成…Ⅲ. ①生态建筑－工程施工－技术规范－四川省 Ⅳ. ①TU74-65

中国版本图书馆 CIP 数据核字（2016）第 111152 号

四川省工程建设地方标准

四川省建筑工程绿色施工规程

主编单位　成都市土木建筑学会
　　　　　　成都市第六建筑工程公司

责 任 编 辑	柳堰龙	
封 面 设 计	原谋书装	
出 版 发 行	西南交通大学出版社 （四川省成都市二环路北一段 111 号 西南交通大学创新大厦 21 楼）	
发行部电话	028-87600564　028-87600533	
邮 政 编 码	610031	
网　　　址	http://www.xnjdcbs.com	
印　　　刷	成都蜀通印务有限责任公司	
成 品 尺 寸	140 mm × 203 mm	
印　　　张	2.5	
字　　　数	61 千	
版　　　次	2016 年 6 月第 1 版	
印　　　次	2016 年 6 月第 1 次	
书　　　号	ISBN 978-7-5643-4704-8	
定　　　价	26.00 元	

四川省住房和城乡建设厅
关于发布工程建设地方标准
《四川省建筑工程绿色施工规程》的通知

川建标发〔2016〕358号

各市州及扩权试点县住房城乡建设行政主管部门，各有关单位：

由成都市土木建筑学会和成都市第六建筑工程公司主编的《四川省建筑工程绿色施工规程》已经我厅组织专家审查通过，现批准为四川省推荐性工程建设地方标准，编号为：DBJ51/T 056-2016，自2016年8月1日起在全省实施。

该标准由四川省住房和城乡建设厅负责管理，成都市土木建筑学会负责技术内容解释。

四川省住房和城乡建设厅

2016年4月13日

前 言

本规程根据四川省住房和城乡建设厅《关于下达四川省工程建设地方标准〈四川省建筑工程绿色施工规程〉编制计划的通知》（川建标发〔2014〕429号）的要求，由成都市土木建筑学会、成都市第六建筑工程公司会同有关单位共同编制而成。

在编制过程中，编制组进行了广泛深入的调查研究，总结了工程的实践经验，参考了国内相关标准，在广泛征求意见的基础上完成。

本规程共分11章，主要内容包括：总则；术语；基本规定；施工准备；施工现场；地基与基础工程；主体结构工程；装饰装修工程；保温和防水工程；机电安装工程；拆除工程。

本规程由四川省住房和城乡建设厅负责管理，由成都市土木建筑学会负责具体技术内容的解释。执行过程中，请各单位注意总结经验，如有意见和建议，请寄送成都市土木建筑学会（地址：成都市八宝街111号537室件；邮编：610031；邮箱：151769087@qq.com；电话：028-87793121）。

主 编 单 位 ： 成都市土木建筑学会

　　　　　　　　成都市第六建筑工程公司

参 编 单 位 ： 成都市第三建筑工程公司

中誉远发国际建设集团有限公司

成都市工业设备安装公司

四川省建筑设计研究院

成都市建筑设计研究院

四川建筑职业技术学院

四川省第一建筑工程公司

四川省德信工程管理有限公司

主要起草人：　张　静　　李　维　　黄　良　　曾　伟

　　　　　　　吴明军　　夏　葵　　章一萍　　冯身强

　　　　　　　王云贵　　陈　彬　　刘　佳　　刘　超

　　　　　　　夏　艳　　杨元伟　　陈佩佩　　王　超

　　　　　　　陈永生　　王荣萍　　温　江　　杨　庆

　　　　　　　林吉勇　　肖　进　　何江宏　　候锡忠

　　　　　　　相金干　　周　健　　汪世亮　　王毅平

主要审查人：　王其贵　　高岩川　　李宇舟　　向　学

　　　　　　　任志平　　刘　晖　　胡允棒

目 次

Contents

1 总　则

1.0.1 为了在工程建设过程中实施绿色施工，做到节约和合理利用资源，保护环境，保证施工人员的健康和安全，制定本规程。

1.0.2 本规程适用于四川省行政区域内新建、扩建、改建和拆除等建筑工程的绿色施工。

1.0.3 绿色施工除应执行本规程的规定外，尚应符合国家、行业及地方现行有关标准的规定。

2 术 语

2.0.1 绿色施工 green construction

在保证质量、安全等基本要求的前提下，通过科学管理和技术进步，最大限度地节约资源，减少对环境负面影响，实现"四节一环保"的建筑工程施工活动。

2.0.2 四节一环保 material-saving,water-saving, energy-saving, land-saving and environmental protection

指节材、节水、节能、节地和环境保护。

2.0.3 建筑垃圾 construction trash

建筑施工过程中产生的废物料。

2.0.4 非传统水源 non-traditional water sources

不同于传统施工过程中的地表水供水和地下水供水的水源，包括再生水、雨水等。

2.0.5 光污染 light pollution

在建筑现场，施工和建筑材料形成的反光中产生过量的或不适当的光辐射，是对生活和生产环境造成不良影响的一种环境污染。

2.0.6 固体废弃物 solid wastes

现场施工、管理和其他活动中产生的污染环境的固态、半固态废弃物质。本定义中不包含《国家危险废物名录》中明文规定的危险废物。

2.0.7 可再利用材料　reusable materials

在不改变回收物质形态的前提下可以直接再利用或经过重新组合、修复后再利用的材料。

3 基本规定

3.1 职 责

3.1.1 建设单位、监理单位、设计单位、施工单位是建筑工程绿色施工的责任主体单位,各方应承担相应的职责,并接受建设主管部门的监督、检查。

3.1.2 建设单位应履行下列职责:

　　1 在编制工程可行性研究和招标文件时,建设单位应明确建筑工程绿色施工的要求,并提供包括场地、环境、工期、资金等方面的保障。

　　2 向施工单位提供建筑工程绿色施工的相关资料,保证资料的真实性和完整性。

　　3 建立并组织实施建筑工程绿色施工协调机制。

3.1.3 设计单位应履行下列职责:

　　1 应按国家相关标准和建设单位的要求进行工程的绿色设计。

　　2 应协助、支持、配合施工单位做好建筑工程绿色施工的相关服务工作。

3.1.4 监理单位应履行下列职责:

　　审查施工组织设计中的绿色施工章节、绿色施工专项方案,并在实施过程中做好监督检查工作。

3.1.5 施工单位应履行下列职责:

1 编制绿色施工专项方案，全面负责绿色施工的实施。

2 实行施工总承包管理的建设工程，总承包单位对绿色施工过程负总责，专业承包单位应服从总承包单位的管理，并对所承包工程的绿色施工负责。

3 施工单位应定期开展绿色施工自检和自评工作，对绿色施工过程的技术和管理资料进行收集和归档。

4 施工质量必须满足《建筑工程施工质量验收统一标准》GB 50300 的要求，确保质量，避免返工。

3.2 资源节约与利用

3.2.1 节材与材料利用应符合下列规定：

1 严禁使用国家、行业、地方政府明令禁止使用、淘汰的建筑材料。倡导采用高性能、低耗材、耐久性好及符合产品技术要求的新型绿色建筑材料。

2 工程施工使用的材料宜选择施工现场 500 km 范围以内生产的材料，按施工进度、库存情况合理安排材料进场时间，并建立进场登记与使用台账。

3 应有健全的限额领料制度、建筑垃圾再生利用制度，减少填埋废弃物的数量。

4 现场安全防护措施所用材料应定型化、工具化、标准化。

5 临时设施应采用可拆迁、可回收材料，临时建筑宜采用活动板房。

6 应利用粉煤灰、矿渣、外加剂和新材料，合理确定配合比、降低混凝土和砂浆中的水泥用量。

7 应采用工具式脚手架支撑体系。

8 宜采用工具式模板和新型模板材料。

9 块材、板材和卷材施工前，应进行排版优化设计，减少材料的切割量和其产生的边角余料量。

10 余料、废料应分类回收、再利用、无害处理。

11 施工现场应采用预拌混凝土和预拌砂浆，未经批准不得使用现场拌制。

3.2.2 节水与水资源利用应符合下列规定：

1 签订专业承包或劳务合同时，应将节水指标纳入合同条款。

2 应有计量考核记录。

3 依据工程特点，制定用水指标。

4 现场工程用水与生活用水应分别计量，并采用节水器具，节水器具配置率应达到100%。

5 冲洗现场机具、设备、车辆的用水，应设立循环用水装置。

6 混凝土养护和砂浆搅拌用水应有节水措施，养护用水不宜使用自来水。

7 管网和用水器具不应有渗漏。

8 保护场地四周原有地下水形态，应尽量减少抽取地下水，有条件的工程应采用地下水回灌技术。

3.2.3 节能与能源利用应符合下列规定：

1 现场的生产、生活、办公和主要耗能施工设备应设有节能的控制措施。

　　2　对主要耗能施工设备应定期进行耗能计量、核算、对比分析、纠正偏差。

　　3　应选用国家、行业推荐的节能、高效、智能、环保的施工设备、机具、灯具。

　　4　机械设备资源应共享，并建立设备技术档案，定期进行设备维护、保养。

　　5　施工临时设施应结合日照和风向等自然条件，合理采用自然采光、通风和外窗遮阳设施。

　　6　临时施工用房应使用热工性能达标的复合墙体和屋面板，顶棚宜吊顶。

　　7　施工现场应合理安排施工工序和施工工艺，制定材料采购计划，缩短建筑材料的运输距离，减少运输次数。

　　8　尽量减少夜间作业和冬季施工时间。

　　9　办公、生活和施工现场用电应分别计量。

3.2.4　节地与土地资源利用应符合下列要求：

　　1　施工场地布置应合理，应充分利用和保护原有建筑物、构筑物、道路和管线，保护人文景观。

　　2　施工临时用地应有审批用地手续。

　　3　现场保护用地应采取防止水土流失的措施，充分利用山地、荒地作为取、弃土场的用地。

　　4　应对深基坑施工方案进行优化，减少土方开挖和回填量。

　　5　在生态脆弱地区施工完成后，应进行地貌复原。

6 钢筋加工宜配送化，构件制作宜工厂化。

3.3 环境保护

3.3.1 现场施工标牌应包括环境保护内容，大门入口、主要临街面、有毒有害物品单独存放处应设置醒目的环境保护标识、标牌。

3.3.2 施工现场的文物古迹和古树名木应采取有效保护措施。

3.3.3 大气污染及扬尘控制应符合下列规定：

　1 现场严禁使用煤作为燃料，禁止在现场熔化和燃烧有害物、废弃物。

　2 施工现场宜建封闭式垃圾站。

　3 现场应建立洒水清扫制度，配备洒水设备，并应有专人负责洒水清扫。

　4 现场进出口应设冲洗设施，保持进出现场车辆及进出口路面清洁。

　5 对裸露地面、集中堆放的土方应采取抑尘措施。

　6 遇有 4 级以上大风天气，不得进行土方回填、转运以及其他可能产生扬尘污染的施工。

　7 高空垃圾清运应采用管道或垂直运输机械完成，严禁临空抛掷。

　8 现场使用散装水泥、预拌砂浆应有密闭防尘措施。

3.3.4 民用建筑工程室内用人造木板、涂料、胶粘剂、阻燃剂、防水剂、防腐剂、防虫剂等材料的甲醛、氨、苯、总体挥发性有机化合物的含量应符合《民用建筑工程室内环境污染控制规范》GB 50325 的规定。

3.3.5 混凝土外加剂中释放氨的量应符合《混凝土外加剂中释放氨限量》GB 18588 的要求。

3.3.6 人员职业健康应符合下列规定：

1 从事有毒、有害、有刺激性气味和强光、强噪施工的人员应佩戴相应的防护器具。

2 现场危险设备、危险地段、有毒物品存放地应设置醒目安全标志，施工应采取有效防毒、防污、防尘、防潮、通风等措施，并加强人员健康管理。

3 深井、封闭环境、防水和室内装修施工应有自然通风或临时通风设备。

4 厕所、卫生设施、排水沟等地方及阴暗潮湿地带应定期进行消毒。

5 高层建筑宜每隔 5~8 层设置一座移动式环保厕所，施工场地内厕所足量配置，并定岗定人负责保洁。

6 现场食堂应有卫生许可证，炊事人员应持健康证上岗。食堂各类器具应清洁，炊事员个人卫生、操作行为应规范。

7 生活区应有专人管理，职工宿舍应有通风、防暑或保暖措施。

8 办公区宜设置医务室，并配备相应急救药品。

3.3.7 噪声控制应符合下列规定：

1 施工现场应设噪声监测点，并规定噪声监测频次，施工场界环境噪声排放昼间不应超过 70 dB（A），夜间不应超过

55 dB（A）。

2 应采用先进机械、低噪声设备进行施工，对噪声较大的设备应有吸声降噪屏或采取其他降噪措施。

3 混凝土输送泵、电锯房等产生噪声较大的机械设备，宜尽量远离噪声敏感区。

4 运输材料的车辆进入施工现场应限速行驶并严禁鸣笛，装卸材料应做到轻拿轻放。

3.3.8 光污染控制应符合下列要求：

1 电焊作业应采取遮挡措施，避免电焊弧光外泄。

2 施工现场设置大型照明灯具等强光源时，光照方向应集中在施工范围内，采取措施防止强光外泄。

3.3.9 水污染控制应符合下列要求：

1 污水排放应符合现行行业标准《污水排入城镇下水道水质标准》CJ 343 的有关规定。

2 工地食堂应设隔油池，并定期清理。

3 工地厕所应设置化粪池，并做抗渗处理，化粪池应定期清理。

4 现场道路和材料堆场周边应设排水沟，雨水、污水应分流排放。

5 施工机械设备的使用和检修时，应控制油料污染；清洗机具的废水和废油不能直接排放。

3.3.10 垃圾处理应符合下列规定：

1 建筑垃圾应分类收集、集中堆放，垃圾要定期清理，封闭式运输。

2 废电池、废墨盒等有毒有害的废弃物应封闭回收、单独存放，并设置醒目标识。

3 有毒有害废物分类率应达到 100%。

4 建筑垃圾回收利用率应达到 30%。

4 施工准备

4.1 组织准备

4.1.1 建设单位应协调制定绿色施工管理目标及规划。

4.1.2 施工单位是建筑工程绿色施工的责任主体，全面负责绿色施工的实施。

4.1.3 施工项目部应建立以项目经理为第一责任人的绿色施工管理体系，负责绿色施工的组织实施及目标实现，制定绿色施工管理责任制度，组织绿色施工教育培训。定期开展自检、考核和评比工作，并指定绿色施工管理员。

4.2 技术准备

4.2.1 施工单位应编制绿色施工组织设计或绿色施工专项方案，并经审批通过后实施。

4.2.2 绿色施工组织设计或绿色施工专项方案应包括下列内容：

1 绿色施工目标。

2 环境保护目标值和相应措施。

3 节材与材料管理利用目标值和相应措施。

4 节水与水资源利用目标值和相应措施。

5 节能与能源利用目标值和相应措施。

6 节地与土地资源利用目标值和相应措施。

7 结合工程情况、编制自主创新计划。优选符合绿色施工要求的新技术、新工艺、新材料、新设备和自主创新技术。

8 经济效益目标值。

9 社会效益目标值。

10 明确施工过程自评时间频次。

11 编制预防与纠正措施。

4.2.3 应制定合理的施工平面布置、施工分区、施工流水段、施工工序、劳动力使用计划、材料进场计划、设备进出场计划以及资金使用计划，减少资源浪费和环境污染。

4.2.4 应对各专业工程施工人员进行绿色施工技术交底。

4.2.5 应做好绿色施工过程的图片或影像资料搜集的准备工作。

4.2.6 宜使用 BIM 技术辅助施工。

5 施工现场

5.1 一般规定

5.1.1 施工现场总平面布置，应根据专项施工方案，随工程施工进度实施动态管理。

5.1.2 施工现场应设置连续封闭的围挡，并符合下列规定：

  1 市区主要路段的工地应设置高度不小于 2.5 m 的封闭围挡。

  2 一般路段的工地应设置高度不小于 1.8 m 的封闭围挡。

  3 大门、临时围挡应用工具化、标准化可周转重复使用的材料和部件。

5.2 施工总平面布置

5.2.1 施工现场平面布置应符合下列要求：

  1 施工现场作业区和生活办公区应相对隔离设置。

  2 施工现场围墙、大门和施工便道宜设花台或绿化隔离带。

5.2.2 应合理布置起重机械和各项施工设施。

5.3 临时设施

5.3.1 临时设施应充分利用既有建筑物、构筑物和周边道路，利用市政设施和周边道路时应获得相关部门批准。

5.3.2 现场临时设施包括生产、办公及生活用房，生活区宿舍应满足 2.5 m^2/人的使用面积要求。

5.3.3 现场办公和生活用房宜采用结构可靠的多层轻钢活动板房、钢骨架水泥活动板房等可重复使用的装配式建筑。

5.3.4 宜采用清洁能源，充分利用太阳能、风能等绿色能源。不应使用高耗能电器。

5.3.5 临时设施外窗夏季宜设置外遮阳措施。

5.3.6 食堂、盥洗室、淋浴间的下水管线应设置过滤网，保证排水畅通。

5.3.7 临时用电应符合现行行业标准《施工现场临时用电安全技术规范》JGJ 46 的规定：

　　1 临电线路合理设计、布置，变配电所和配电间宜设置于用电负荷中心位置。

　　2 220 V 或 380 V 用电设备接入 220 V/380 V 三相系统时，宜使三相平衡。三相照明配电干线中，其最大相负荷不应超过三相负荷平均值的 115%，最小相负荷不应低于三相负荷值的 85%。条件允许时，可采用分相无功自动补偿装置。

　　3 办公、生活和施工现场，采用节能灯具的数量应大于 80%。生活区用电加装限电器，室外照明宜采用高强度气体放电灯。灯具宜采用声控、光控等控制方式。

6 地基与基础工程

6.1 一般规定

6.1.1 基础施工应选用低噪、环保、节能、高效的机械设备和工艺。

6.1.2 施工单位应充分了解场地内的既有建（构）筑物和地下设施、管线等的特征，制定相应的保护措施，场内发现文物时应及时停工并通知当地文物主管单位。

6.1.3 现场应有扬尘控制措施，并符合下列要求：

 1 运送土方、渣土等易产生扬尘的车辆应采取封闭或遮盖措施。

 2 易飞扬和细颗粒建筑材料应封闭存放，余料应及时回收。

 3 对施工过程中产生的泥浆应设置专门的泥浆池或泥浆罐存储。

6.1.4 基础工程涉及的混凝土结构、钢结构、砌体结构工程应按照本规范第 7 章有关要求执行。

6.2 土石方工程

6.2.1 土石方工程开挖宜采用逆作法或半逆作法施工，施工中应采用通风和降温等措施。

6.2.2 对深基坑施工方案进行优化，减少土方开挖和回填量。

6.2.3 在受污染的场地施工时，应对土质进行专项检测和治理。

6.2.4 采用爆破的土石方工程，宜采用静态爆破。

6.3 桩基础工程

6.3.1 施工人工挖孔桩时，应采取降水、护壁、通风和防坠落等措施。

6.3.2 混凝土灌注桩施工时应满足下列要求：

1 灌注桩采用泥浆护壁成孔时，应就近设置导流沟和泥浆池等排浆和储浆设施。

2 导流沟、泥浆池应及时清理沉淀废渣。

6.3.3 工程桩剔除部分的二次利用应符合现行国家标准《工程施工废弃物再生利用技术规范》GB/T 50743 的要求。

6.3.4 在城区或人口密集地区施工混凝土预制桩和钢桩时，宜采用静压沉桩工艺。静压装置宜选择液压式和绳索式压装工艺。

6.4 地基处理工程

6.4.1 在城区或人口密集地区，不宜使用强夯法施工。

6.4.2 采用高压喷射注浆法施工时，应对注浆量、压力进行监测。

6.4.3 支护结构宜采用可拆卸式、重复使用的材料。

6.4.4 喷射混凝土施工，宜采用湿喷或水泥裹砂喷射工艺，并采取防尘措施。

6.5 地下水控制

6.5.1 基坑降水宜采用封闭降水，基坑支护宜采用隔水性能好的支护方法。

6.5.2 施工期间做好地下水监测工作，当采用井点降水时，应采用自动控制装置，使地下水水位标高低于作业面标高250 mm 以内。

6.5.3 现场应设置地下水收集利用系统。

7 主体结构工程

7.1 一般规定

7.1.1 预制装配式结构构件宜采用工厂化加工，构件的加工和进场顺序应与现场安装顺序一致，减少二次转运。构件的运输和存放应采取防止变形和损坏的措施。

7.1.2 结构施工应统筹设置垂直和水平运输机械。

7.2 混凝土结构工程

I 钢筋工程

7.2.1 宜采用专业软件进行钢筋翻样，合理下料、配料，减少钢材废料。

7.2.2 钢筋连接应优先采用机械连接方式。钢筋加工过程中使用的冷却水应过滤后循环使用，不得随意排放。

7.2.3 钢筋现场加工制作时，宜采用集中加工方式。

7.2.4 钢筋加工过程中产生的钢筋废料、剩余的绑扎丝和焊剂应及时回收，合理利用。

7.2.5 宜采用钢筋焊接网应用技术和建筑用成型钢筋制品加工与配送。

Ⅱ 模板及脚手架工程

7.2.6 应选用周转率高的模板和支撑体系。

7.2.7 宜采用大模板、定型模板、滑动模板、爬升模板和早拆模板等工业化模板体系。

7.2.8 采用木或竹制模板时，宜采取工厂化加工。在现场加工时，应设工具式加工棚，并采用有效的隔声和防尘措施。

7.2.9 现场可利用材料和废弃木材应分类堆放，其中短木枋接长使用，旧模板应拼接再利用，严禁随意丢弃。

7.2.10 模板脱模剂应选用环保型材料，并有专人负责保管和涂刷，剩余部分应回收。

7.2.11 模板拆除宜按支设的逆向顺序进行，并有防止损坏的措施，及时检修维护，妥善保管。

7.2.12 脚手架及模板支撑架宜优先选用承插式、碗扣式、盘扣式等管件合一的脚手架材料搭设。

7.2.13 优化高层建筑的外脚手架方案，优先采用整体提升、分段悬挑等方案，提高架料周转率。

7.2.14 模板及脚手架施工应及时回收散落的铁钉、铁丝、扣件、螺栓等材料。

Ⅲ 混凝土工程

7.2.15 混凝土应优先采用泵送、布料机布料浇筑。

7.2.16 超长无缝混凝土结构宜采用滑动支座法、跳仓法施工，当裂缝控制要求较高时，可采用低温补仓法施工。

7.2.17 混凝土浇筑前应清理、检查模板及其支撑质量，确保一次浇筑合格，减少返工。

7.2.18 混凝土输送泵应有吸声降噪措施。

7.2.19 混凝土振捣应采用低噪声振捣设备或围挡降噪措施；在噪声敏感环境或钢筋密集时，宜采用自密实混凝土。

7.2.20 混凝土应采用覆盖养护；竖向构件宜采用包裹或养护剂进行养护。

7.2.21 有条件的工程混凝土结构宜采用清水混凝土，其表面应涂刷保护剂。

7.2.22 混凝土浇筑余料应制成小型预制件或采取其他措施加以利用，不得随意倾倒或作为建筑垃圾处理。

7.2.23 混凝土输送泵、管道及运输车辆清洗处应设置沉淀池，冲洗水应经二次沉淀后循环使用，浆料分离后可作为室外道路、地面、散水等垫层的回填材料。

7.3 砌体结构工程

7.3.1 砌体结构优先采用掺有工业废料或废渣制作的砌筑材料及其他节能环保的砌筑材料。

7.3.2 合理规划砌体堆场，减少二次搬运；砌块运输时宜采用托板整体包装。

7.3.3 砌块湿润和砌体养护宜使用经检验合格的非传统水源。

7.3.4 混合砂浆掺合料可使用粉煤灰等工业废料。

7.3.5 砌筑前应绘制砌块排列图，非标准砌块应在工厂加工按计划进场。现场切割时应集中加工，并采取防尘降噪措施。施工人员应佩戴口罩、手套等防护用品。

7.3.6 砌筑施工时，落地灰应及时清理、收集和再利用。

7.3.7 毛石砌体砌筑时产生的碎石块，应用于填充毛石块间间隙，不得随意丢弃。

7.4 钢结构工程

7.4.1 钢结构深化设计时，应满足钢结构加工、制作、运输和安装的设计深度需求，优化节点构造，尽量减少钢材用量。

7.4.2 钢结构安装连接宜选用高强螺栓连接，钢结构宜采用金属涂层进行防腐处理。

7.4.3 合理选择钢结构安装方案，大跨度钢结构安装宜采用起重机吊装，并优先采用整体提升、顶升和滑移等机械化程度高、劳动强度低的施工技术和方法。

7.4.4 钢结构加工应制定废料减量计划，优化下料，综合利用下脚料。

7.4.5 钢材、零（部）件、成品、半成品件和标准件等产品应堆放在平整、干燥场地上，并应有防雨措施。

7.4.6 大跨度复杂钢结构在制作和安装前，应预先采用仿真技术模拟施工过程和状态。

7.4.7 钢结构现场涂料应采用无污染、耐候性好的材料，应减少涂料浪费和对环境的污染，并采取防止涂料外泄的专项措施。

7.5 其 他

7.5.1 装配式混凝土结构安装所需的埋件和连接件以及室内外装饰装修所需的连接件应在工厂制作时准确预留、预埋。

7.5.2 钢混组合结构中的钢结构构件，应结合配筋情况，在深化设计时确定与钢筋的连接方式。钢筋焊接、套筒连接、钢筋连接板焊接、预留孔应在工厂加工时完成。严禁安装时随意割孔或后焊接。

7.5.3 索膜结构施工时，索、膜应工厂化制作和裁剪，现场安装。

8 装饰装修工程

8.1 一般规定

8.1.1 门窗、幕墙、块材、板材宜采用工厂化加工，五金件、连接件和构造性构件宜选用标准件。

8.1.2 应制定材料使用减量计划，材料损耗宜比定额损耗率降低 30%。

8.1.3 材料应分类堆放，并保证房间的通风良好；易挥发、易污染的液体材料应使用密闭容器存放，易燃品应有防火标识和消防措施，已开封使用的严禁在室内敞口堆放。

8.1.4 材料的包装物应全部分类回收。

8.1.5 不得采用沥青类、煤焦油类等材料作为室内防腐、防潮处理剂。

8.1.6 装饰装修工程的成品和半成品应采取保护措施。

8.2 楼地面工程

8.2.1 楼地面基层处理应符合下列要求：

    1 基层粉尘清理宜采用吸尘器；没有防潮要求的，可采用洒水降尘等措施。

    2 基层需要剔凿的，应采用低噪声的剔凿机具和剔凿方式。

8.2.2 楼地面找平层、隔气层、隔声层施工应符合下列要求：

1 严格控制厚度。

2 干作业应有防尘措施。

3 湿作业应采取喷洒方式保湿养护。

8.2.3 水磨石楼地面施工应符合下列规定：

1 对楼地面洞口、管线口进行封堵，防止泥浆等进入，墙面应采取防污染措施。

2 应采取水泥浆收集处理措施。

3 高出楼地面 400 mm 范围内的成品面层应采取贴膜等防护措施。

4 宜在水磨石楼地面完成后进行其他饰面层的施工。

5 现制水磨石楼地面应采取控制污水和噪声的措施。

8.2.4 板块楼地面施工应符合下列要求：

1 板块需要现场切割时，对切割用水应有收集装置，室外机械切割应有隔声措施。

2 石材、水磨石等易渗透、易污染的材料，应在铺贴前做防污处理。

8.3　隔墙及墙面工程

8.3.1 隔墙材料宜采用轻质墙体材料，严禁使用实心烧结黏土砖。

8.3.2 轻质隔墙板间的填塞材料应采用弹性或微膨胀材料。

8.3.3 宜使用薄抹灰施工工艺。

8.3.4 涂料基层含水率应符合相关标准的要求。

8.3.5 涂料施工时应采取遮挡、防止挥发和劳动保护等措施。

8.3.6 剩余涂料应统一收集。

8.4 吊顶工程

8.4.1 应充分考虑吊顶内隐蔽的各种管线、设备，进行优化设计。

8.4.2 吊顶施工应符合下列要求：

   1 应减少板材、型材的切割。

   2 应避免采用温湿度敏感的材料。

   3 高大空间的整体带装饰顶棚宜采用地面拼装、整体提升就位的方式施工。

   4 高大空间吊顶施工时，宜采用可移动式操作平台。

8.5 门窗及幕墙工程

8.5.1 门窗框周围的缝隙填充应采用憎水保温材料。

8.5.2 连接件应采用耐腐蚀材料或采取可靠的防腐措施。

8.5.3 硅胶使用前应进行相容性和耐候性复试。

8.5.4 木制、塑钢、金属门窗应采取成品保护措施。

9 保温和防水工程

9.1 一般规定

9.1.1 保温和防水材料在运输、存放和使用时应根据其性能采取防水、防潮和防火措施。

9.1.2 保温和防水材料余料应回收处理,严禁现场焚烧处理。

9.2 保温工程

9.2.1 墙体保温施工宜选用墙体自保温、保温与装饰一体化、保温板兼作模板、全现浇混凝土外墙与保温一体化等施工技术。

9.2.2 屋面工程保温和防水宜采用防水保温一体化材料。

9.2.3 屋面及墙体等部位的保温隔热系统应采用专用的系统材料。

9.2.4 采用外保温材料的墙面和屋顶,不宜进行焊接、钻孔等施工作业。确需施工作业时,应采取防火保护措施。

9.2.5 现浇泡沫混凝土保温层施工应符合下列要求:

　　1 水泥、集料、掺合料等宜工厂干拌、封闭运输。

　　2 泡沫混凝土宜泵送浇筑。

9.2.6 玻璃棉、岩棉保温层施工应符合下列规定:

　　1 玻璃棉、岩棉保温材料,应封闭存放。

2 玻璃棉、岩棉保温材料裁切后的剩余材料应封闭包装、回收利用。

3 雨天、4级以上大风天气不得进行室外作业。

9.2.7 泡沫塑料类保温施工应符合下列规定：

1 硬泡聚氨酯现场作业应预先计算用量，随配随用。

2 现场喷涂硬泡聚氨酯时，应对作业面采取遮挡、防风和防护措施。

3 现场喷涂硬泡聚氨酯时，环境温度宜为 10～40 ℃，风速应不大于 5 m/s（三级风），相对湿度应小于 80%，雨天与雪天不得施工。

9.3 防水工程

9.3.1 防水层施工应在基层验收合格后方可进行，基层处理应采取防尘措施。

9.3.2 防水作业宜在常温环境下进行；高温环境及封闭条件的防水施工应采取通风措施。

9.3.3 防水层施工完毕应尽快隐蔽，不宜长时间暴晒。

9.3.4 卷材防水层施工应符合下列要求：

1 宜采用自粘型防水卷材，且宜采用"预铺反粘"的施工方法。

2 防水层不宜采用热粘法施工。

3 采用热熔法施工时，应加强防火安全管理，配备足够的消防灭火器材。

4 采用的基层处理剂和胶粘剂应选用环保型材料，并封闭存放。

9.3.5 涂膜防水层施工应符合下列要求：

1 涂膜防水材料应采用封闭容器存放，余料应及时回收。

2 涂膜防水宜采用滚涂或涂刷工艺，当采用喷涂工艺时，应采取遮挡等防止污染的措施。

3 涂膜固化期内应采取保护措施。

9.3.6 金属板防水层施工应符合下列要求：

1 应对金属板材进行下料设计，提高材料利用率。

2 金属板焊接时，应有防弧光外泄措施。

9.3.7 砂浆防水层施工应符合下列要求：

1 应计算每层、每作业班规定凝结时间内的使用量，按计划供应砂浆料。

2 聚合水泥、外加防水掺合料和外加剂（膏），应妥善保管，计量使用。

9.3.8 块瓦屋面宜采用干挂法施工。

9.3.9 防水层应采取成品保护措施。

9.3.10 蓄水、淋水试验宜采用非传统水源。

10 机电安装工程

10.1 一般规定

10.1.1 机电工程施工前，根据绿色施工要求进行图纸会审和深化设计，对工程的预留、预埋、管线空间布置、管线路径进行优化，绘制综合管线图。

10.1.2 除锈、防腐宜在工厂内完成，现场涂装时应采用无污染、耐候性好的材料；宜采用工业化生产方式加工管线，减少现场作业；遵循模数协调原则，减少施工废料；减少不可再生资源的使用。

10.1.3 机电工程管线的预留、预埋应与土建及装修工程同步进行，不得现场临时剔凿、开洞。

10.2 管道工程

10.2.1 管道连接宜采用机械连接方式。

10.2.2 采暖散热片不得使用含石棉的密封垫，外表面应刷非金属性涂料，组装应在工厂完成。

10.2.3 设备安装时装配件表面锈蚀、污垢和油脂的清洗，应符合《机械设备安装工程施工及验收通用规范》GB 50231 的规定。

10.2.4 污水管道、雨水管道试验及冲洗用水宜采用非传统水源。

10.2.5 管道施工宜采用工厂化预制技术。

10.3 通风工程

10.3.1 根据工艺要求，风管制作、安装宜优先采用金属矩形风管薄钢板法兰连接技术、螺旋风管加工技术、非金属复合风管施工技术。

10.3.2 风管宜采用工厂化制作，优化组合、集中加工；采用合理运输方式，降低能耗。

10.3.3 预制风管安装前应保持内壁清洁，对清洗剂、废水应按规定要求排放。

10.3.4 预制风管连接宜采用机械连接方式。

10.3.5 冷媒储存应采用压力密闭容器。

10.4 绝热工程

10.4.1 绝热材料及辅料应符合设计要求，粘胶剂应为环保产品。

10.4.2 绝热材料运输存放和保管应符合下列要求：

　1　硬质绝热制品在装卸时不得抛掷，在运输过程中应减少振动；矿纤类绝热制品在装卸时不得挤压、抛掷；长途运输应采取防雨水的措施。

　2　绝热材料应按材质分类存放在仓库内，根据材料品种的不同，分别采取防潮、防水、防冻、防火及防成型制品挤压变形等措施。

3 有毒、易燃易爆及沸点低的溶剂应存放在通风良好的室内，并应采取防火、防毒措施。

10.4.3 空调风管系统及部件的绝热施工应符合下列规定：

1 风管绝热材料应按长边加 2 个绝热层厚度，短边为净尺寸的方法下料。

2 绝热材料应尽量减少拼接缝，风管的底面不应有纵向拼缝，小块绝热材料可铺覆在风管上平面。

3 阀门、三通、弯头等部位的绝热层宜采用绝热板材切割预组合后，再进行施工。

10.4.4 水系统、冷媒管道及配件的绝热层和防潮层施工，应符合下列规定：

1 管道保温应优先采用管道保温一体化技术。

2 绝热材料粘接固定宜一次完成，并应按胶粘剂的种类，保持相应的稳定时间。

3 绝热层厚度大于 80 mm 时，应分层施工，拼缝方式及搭接宽度应符合相关规范要求。

4 硬质或半硬质绝热管壳的拼接缝隙、宽度及留置方式应符合相关规范要求。

5 管道阀门、过滤器及法兰部位的绝热层应能单独拆卸，且不得影响其操作功能。

10.4.5 施工完毕后，应采取措施防止施工成果被二次污染。

10.5 电气工程

10.5.1 电线导管暗敷应做到线路最短。

10.5.2 应选用节能型用电设备，并应进行节能测试。

10.5.3 预埋管线口应采取临时封堵措施。

10.5.4 不间断电源柜试运行时应进行噪声监测。

10.5.5 不间断电源安装应采取防止电池液泄露的措施，废旧电池回收更换时，不得个别更换，应整体更换。禁止将不同安培数、不同品牌的电池组合使用。

10.5.6 低压电气动力设备和建筑物照明的试运行不得低于规定时间，且不应超过规定时间的 1.5 倍。

10.5.7 低压配电系统电源的供电电压允许偏差、公共电网谐波电压限值、谐波电流允许值、三相电压不平衡度允许值等应符合相应国家规范的规定。

11 拆除工程

11.1 一般规定

11.1.1 建筑拆除物处理应符合充分利用、就近消纳的原则，并制定专项施工方案。

11.1.2 有利用价值的建、构筑物及其构、配件拆除，应采取保护措施。

11.1.3 建筑物拆除过程应控制废水、废弃物、粉尘的产生和排放。应针对拆除物的材料性质进行分类，并加以利用，无法回收的废弃物应做无害化处理。

11.1.4 在 4 级及以上风力、大雨或冰雪等恶劣气候条件下，不得进行露天拆除施工。

11.2 施工准备

11.2.1 拆除施工前，应对周边环境进行调查和记录，界定影响区域，在醒目位置设置环境保护标志。

11.2.2 拆除工程应按建筑构配件的情况，确定保护性拆除和破坏性拆除范围。

11.2.3 拆除施工前应识别危险源，并制定应急救援预案。

11.2.4 拆除施工前，应制定防止扬尘和降低噪音的措施；采取水淋法降尘时，应制定控制用水量和污水流淌的措施。

11.3 拆除施工

11.3.1 爆破拆除应符合下列要求：

1 在正式爆破之前，应进行小规模范围试爆，根据试爆结果，对拆除方案进行完善。

2 钻机成孔时，应设置粉尘收集装置，或采用钻杆带水作业等降尘措施。

3 爆破拆除时，可采用在爆点四周悬挂塑料水袋的方法，也可采用多孔微量爆破方法。

4 爆破完成后，宜用高压水枪进行水雾消尘。

5 对于需要重点防护的范围，应在其附近架设防护架，其上挂金属网。

11.3.2 在城镇或人员密集区域，爆破拆除宜采用静力爆破，其施工应符合下列要求：

1 采用具有腐蚀性的静力破碎剂作业时，灌浆人员必须戴防护手套和防护眼镜。孔内注入破碎剂后，作业人员应保持安全距离，严禁在注孔区域行走。

2 静力破碎剂不得与其他材料混放。

3 爆破成孔与破碎剂注入严禁同步施工。

4 破碎剂注入时，不得进行相邻区域的钻孔施工。

5 静力破碎发生异常情况时，必须停止作业；待查清原因并采取安全措施后，方可继续施工。

11.3.3 对多、高层建筑、烟囱、水塔等高大建（构）筑物进行爆破拆除时，应在倒塌范围内采取铺设缓冲垫层或开挖减震沟等触地防震措施。

11.3.4 机械拆除宜优先选用低能耗、低排放、低噪音机械，并应定期维护保养。施工前应合理确定机械作业位置和拆除顺序，采取保护机械和人员安全的措施。

11.3.5 拆除管道及容器前，应查清残留物性质并采取相应安全措施。

11.4 拆除物的综合利用

11.4.1 建筑拆除物应分类收集、集中堆放、集中处理、封闭运输，并符合现行国家标准《工程施工废弃物再生利用技术规范》GB/T 50743 和《建筑垃圾处理技术规范》CJJ 134 的规定。

本规程用词说明

1 为便于在执行本规程条文时区别对待，对于要求严格程度不同的用词说明如下：

1）表示很严格，非这样做不可的：

正面词采用"必须"，反面词采用"严禁"；

2）表示严格，在正常情况下均应这样做的：

正面词采用"应"，反面词采用"不应"或"不得"；

3）表示允许稍有选择，在条件许可时首先应这样做的：

正面词采用"宜"，反面词采用"不宜"；

4）表示有选择，在一定条件下可以这样做的，采用"可"。

2 条文中指明应按其他标准执行的写法为："应符合……的规定"或"应按……执行"。

引用标准名录

1 《污水综合排放标准》GB 8978

2 《建筑施工场界环境噪声排放标准》GB 12523

3 《民用建筑工程室内环境污染控制规范》GB 50325

4 《建筑工程绿色施工评价标准》GB/T 50640

5 《工程施工废弃物再生利用技术规范》GB/T 50743

6 《建筑工程绿色施工规范》GB/T 50905

7 《建筑工程施工现场环境与卫生标准》JGJ 146

8 《四川省绿色建筑评价标准》DBJ51/T 009

9 《建筑工程绿色施工评价与验收规程》DBJ51/T 027

四川省工程建设地方标准

四川省建筑工程绿色施工规程

Regulations for Green Construction of Building in Sichuan
Province

DBJ51/T056 - 2016

条 文 说 明

目　次

1 总 则

1.0.1 本规程旨在贯彻中华人民共和国住房和城乡建设部、四川省住房和城乡建设厅推广绿色施工的指导思想，对工业与民用建筑、构筑物现场绿色施工技术进行规范。

1.0.3 有关标准主要包括但不限于《建筑工程绿色施工评价标准》GB/T 50640、《建筑工程绿色施工规范》GB/T 50905、《污水综合排放标准》GB 8978、《建筑材料放射性核素限量》GB 6566、《民用建筑工程室内环境污染控制规范》GB 50325、《建筑施工场界环境噪声排放标准》GB 12523、《室内装饰装修材料》GB 18580 – 18587、《建筑工程施工现场环境与卫生标准》JGJ 146、《建筑拆除工程安全技术规范》JGJ 147、《四川省绿色建筑评价标准》DBJ51/T 009、《建筑工程绿色施工评价与验收规程》DBJ51/T 027 等。

2 术 语

本章术语仅列出容易混淆、误解和概念模糊的术语。

3 基本规定

3.1 职 责

3.1.5 本条规定了施工单位应履行的主要职责：

3 自检与自评可参照四川地方标准《建筑工程绿色施工评价与验收规程》DBJ51/T 027 规定实施，并根据绿色施工评价情况，采取改进措施。

4 质量合格避免了返工带来的施工成本和管理成本，可以提高项目管理效率，节约资源，绿色施工必须保证工程项目质量严格受控。

3.2 资源节约与利用

3.2.1 本条规定了节材与材料利用应符合的主要规定：

8 工具式模板和新型模板材料如铝合金、塑料、玻璃钢和其他可再生材质的大模板和钢框镶边模板等。

11 大中城市建设已禁止现场拌制混凝土和砂浆，在不具备使用预拌混凝土和砂浆的条件下采用现场搅拌时，应经过有关部门批准。经批准采用现场搅拌时，应使用散装水泥以节省包装材料；搅拌机应设在封闭的棚内，以降噪和防尘；存放砂、石料应搭设料棚或采取遮盖、洒水等防尘措施。

3.2.2 本条规定了节水与水资源利用应符合的主要规定：

3 在建的工业与民用建筑施工单位面积耗水量不宜超过表 3.2.2-3 的规定，该数据引用于成建委〔2014〕177 号文。

表 3.2.2-3 建筑项目施工单位面积耗水量参考表

工程类型		每平方米耗水量（t/m²）
工业建筑	单层	0.22
	多层	1.27
民用建筑	多层（7 层以内）	0.77
	小高层（8～23 层）	0.41
	高层（24～33 层）	0.71
	超高层（34 层及以上）	0.43

3.2.3 本条规定了节能与能源利用应符合的主要规定：

3 应选用节电型机械设备，如变频设备，逆变式电焊机和能耗低、效率高的手持电动工具等。严禁使用国家、行业、地方政府明令淘汰的施工设备、机具和产品。

9 在建的工业与民用建筑施工单位面积耗电量不宜超过表 3.2.3-9 的规定，该数据引用于成建委〔2014〕177 号文。

表 3.2.3-9　建筑项目施工单位面积耗电量参考表

工程类型		每平方米耗水量（$kW \cdot h/m^2$）
工业建筑	单层	4.29
	多层	7.4
民用建筑	多层（7层以内）	9.99
	小高层（8~23层）	9.98
	高层（24~33层）	11.86
	超高（34层及以上）	14.48

3.3　环境保护

3.3.3　本条规定了大气污染及扬尘控制应符合的主要规定：

4　冲洗设施可以是冲洗池，也可以是水枪加截水沟或其他设施，可根据场地情况灵活选择。

5　现场直接裸露地面和集中堆放的土方的抑尘措施包括临时绿化、喷浆和隔尘布覆盖等抑尘措施。

3.3.7　本条规定了噪声控制应符合的主要规定：

4　减少施工噪声的影响，应从噪声传播途径、噪声源入手，切断施工噪声传播途径，可以对施工现场采取遮挡、封闭、绿化等吸声、隔声措施。鼓励采取先进的施工工艺，选用噪声标准较低的施工机械、设备，同时做好机械设备日常维护工作。噪声敏感区包括医院、学校、机关、科研单位、住宅和现场办公区、生活区等需要保持安静的建筑区域。

3.3.8　本条规定了光污染控制应符合的主要规定：

2 建筑施工中的光污染主要包括建筑工地上的杂散光,电焊所产生的弧光,建筑涂料、石材、金属板材和玻璃产生的反光,这些强烈的杂散光和反光会引起视觉上混乱,尤其是夜间,建筑工地上的大型照明灯具和施工车辆的灯光都将影响附近居民的正常休息及健康。

3.3.9 本条规定了水污染控制应符合的主要规定:

2、3 设置的沉淀池、隔油池、化粪池等及时清理,不发生堵塞、渗漏、溢出等现象。

3.3.10 本条规定了垃圾处理应符合的主要规定:

2 废电池、废墨盒等含有重金属,处置不当会污染地下水,且重金属对人体也有很大的损害,故要求进行封闭回收,不得与其他废物混放。

4 施工准备

4.1 组织准备

4.1.3 绿色施工管理员可为专职或兼职。

4.2 技术准备

4.2.4 通过对施工人员的教育、培训来提高其绿色施工的意识和水平，规范施工人员的行为，防止浪费和污染。

4.2.6 BIM 技术辅助施工包括完成碰撞检测、深化设计、施工方案优化、可视化交底、材料供应、场地管理等工作。

5 施工现场

5.1 一般规定

5.1.1 施工总平面布置应合理、紧凑，尽可能减少死角，临时设施占地面积有效利用率宜大于 90%。

5.1.2 本条规定了施工现场布置应符合的主要规定：

现场围挡应连续设置，不得有缺口、残破、断裂，墙体材料可采用彩色金属板式围墙或 PVC 板式围墙等可重复使用的材料。

5.3 临时设施

5.3.2 现场生活区宜满足使用功能要求。设宿舍、食堂、厕所、淋浴间、开水房、文体活动室（或农民工夜校培训室）、吸烟室、密闭式垃圾站（或容器）及盥洗设施等临时设施。

5.3.7 本条规定了临时用电应符合的主要规定：

2 电源各相负荷分配平衡会增加照明器具的发光效率并提高使用寿命，减少电能损耗和资源浪费，起到了节能的作用。

6 地基与基础工程

6.5 地下水控制

6.5.1 当无法采用封闭降水，且降水量对周边环境、建（构）筑物造成影响时，宜进行地下水回灌。

6.5.2 轻型井点降水应根据土层渗透系数，合理确定降水深度、井点间距和井点管长度；管井降水应在合理位置设置自动水位控制装置；在满足施工需要的前提下，尽量减少地下水抽取。

6.5.3 地下水可用于现场冲洗、降尘、绿化、混凝土养护等。

7 主体结构工程

7.1 一般规定

7.1.1 钢结构、木结构、预制装配式混凝土结构应采取工厂化生产、现场安装，有利于保证质量、提高机械化作业水平、减少施工现场土地占用等，是建筑业发展的方向，应大力提倡；当采取工厂化生产时，构件的加工和进场，应按供应计划和安装的顺序进场，减少现场存放场地和二次搬运费用；构件在运输和存放时，应采取适当方法，防止构件变形或损坏，降低材料损耗率。

7.1.2 主体施工阶段的大型结构件安装，一般需要有较大起重量的起重设备，但为节省机械费用，在安排构件安装机械的同时应考虑混凝土、钢筋、模板、脚手架等其他分部分项施工垂直运输的需要。

7.2 混凝土结构工程

I 钢筋工程

7.2.1 钢筋翻样使用专业软件，钢筋及钢结构制作前应对下料单及样品进行复核，无误后方可批量下料，减少钢材废料。

7.2.2 采用先进的钢筋连接方式，不但质量可靠，而且节省材料；钢筋机械接头加工使用的冷却水，一是尽量循环使用，二是应按要求处理后排放，不得随意倾倒或任其浸流。

7.2.3 钢筋采用现场加工时，应尽量做到集中加工，使用先进的机械设备或生产线，提高生产效率，少占用施工场地。

7.2.4 钢筋绑扎安装过程中，合理利用短钢筋，应采取措施减少绑扎丝、电渣压力焊焊剂撒落。

7.2.5 钢筋焊接网应用技术和建筑用成型钢筋制品加工与配送是建筑业实现建筑工业化的一项措施，能节约材料、节省能源、少占用地、提高生产效率，应积极推广。

Ⅱ 模板及脚手架工程

7.2.6 制定模板及支撑方案时，应贯彻"以钢代木""以塑代木"和应用新型材料的原则，尽量减少木材的使用，以保护森林资源。

7.2.7 使用工业化模板体系机械化程度高，施工速度快，工厂化加工，减少现场作业和场地占用，应积极推广。

7.2.8 现在建筑用模广泛使用木质胶合板，工地多是现场加工，纯手工操作，效率低，尺寸误差大，既浪费材料又难以保证质量，还造成锯末、木屑污染环境，为提高模板周转率，提倡使用工厂加工的钢框木和木质模板，进场模板随工作进度要求实时进场，不发生来回吊运情况，减少了现场风吹雨淋日晒，延长使用寿命，从而又间接提高周转次数。如在现场加工时，应设工具式加工棚，并采用有效的隔声和防尘措施，防止粉尘和噪声污染。

7.2.9 用作模板龙骨的木方经周转使用后折断或配料锯割形成的短料，可采用"叉接"接长技术接长使用，木、竹胶合板配料剩余的边角余料可拼接使用，变废为宝，节约材料。

7.2.11 模板拆除时，应采用适当的工具，按规定的程序进行，不应乱拆硬撬。拆除后的材料应随拆除随运走，防止造成损坏或变形；不慎损坏的应及时修复；暂时不使用的应采取保护措施，钢模板应清理干净、表面涂油防锈；存放时应采取防止重压或倾倒措施，木模板应覆盖和通风。

7.2.12 传统的扣件式钢管脚手架，安装和拆除过程中容易丢失扣件且承载能力受人为因素影响较多，因此提倡使用承插式、碗扣式、盘口式等管件合一的脚手架材料做脚手架和模板支架。

7.2.13 高层建筑，特别是超高层建筑，使用整体提升或分段悬挑等工具式外脚手架随结构施工而上升，能减少投入、减少垂直运输机械作业，安全可靠，应优先采用。

Ⅲ 混凝土工程

7.2.16 滑动支座、跳仓法是解决超长混凝土结构不设缝的一种有效方法，可以避免部分施工初期的温差及干缩作用，还可以很大程度地减少施工期间的温度收缩应力，对混凝土裂缝的产生起到了有效的控制，同时也方便组织施工。

7.2.19 混凝土振捣产生噪声较大，应优先选用低噪声的振捣设备；采用传统振捣设备时，应采用作业层围挡，以减少噪声污染。

7.2.20 在常温施工时，浇筑完成的混凝土表面应优先采用覆盖塑料薄膜，利用混凝土内蒸发的水分自养护；冬季施工或大体积混凝土应采用塑料薄膜加保温材料保温、保湿养护，以节约养护用水；当采用洒水或喷雾养护时，有条件的提倡使用回收的基坑降水或收集的雨水等非传统水源；竖向现浇构件上人不便，宜采用养护剂进行养护，节约人力物力。

7.2.22 浇筑混凝土，不可避免地会有少量的剩余，应提前安排做一些本工程使用的门窗过梁、沟盖板、隔断墙中的预埋件砌块等小型构件，充分利用、节省材料；严禁随意倒掉或当作垃圾处理。

7.4 钢结构工程

7.4.2 现场钢结构组装采用高强度螺栓连接可减少现场焊接量；钢结构采用镀锌方法可减少使用期维护。

7.5 其 他

7.5.2 钢混组合结构中的钢结构件与钢筋的连接方式有的采用穿孔的方式，有的采用焊接连接方式，有的两种方式并用。采用哪种连接方式应在深化设计时确定，并绘制加工图。预留孔洞、焊接套筒或连接板均应在工厂加工时同时完成，禁止在绑扎钢筋时用火焰切割制孔后焊接，以防止损坏钢构件。

7.5.3 索膜结构的索及膜均应在工厂按照计算机模拟张拉后的尺寸下料、制作和安装连接件，运至现场安装张拉，以保证工程质量，减少废料。

8 装饰装修工程

8.1 一般规定

8.1.1 建筑装饰装修工程采用的块材、板材、门窗及各类五金件、连接件、构造性构件等，应充分利用工厂化加工的优势，积极采用标准件，减少现场加工而产生的占地、耗能和可能产生的噪声和废料等。

8.1.2 施工前计算装饰工程量及合理损耗，避免材料超量进场、造成材料浪费、剩余。

8.2 楼地面工程

8.2.3 本条规定了水磨石楼地面施工应符合的主要规定：

　　5 现制水磨石地面磨制过程的污染性及噪音较大，污水处理、防止污染、控制噪声是重点。

8.3 隔墙及墙面工程

8.3.3 积极推广使用薄抹灰施工工艺，即采用抗裂腻子代替传统的水泥砂浆抹灰，减少施工材料用量，加快施工速度，降低施工成本。

8.3.4 涂料施工时基层的含水率要求很高，应严格控制，以提高耐久性。

8.4 吊顶工程

8.4.2 本条规定了吊顶施工应符合的主要规定：

1 吊顶板块材（非标板材）、龙骨、连接件等宜采用工厂化材料，施工前应进行块材排版设计，在保证质量、安全的前提下，应减少板材、型材的切割量。

2 温湿度敏感材料是指变形、强度等受温度、湿度变化影响较大的装饰材料，如纸面石膏板、木工板等。

9 保温和防水工程

9.1 一般规定

9.1.2 《建设工程施工现场环境与卫生标准》（JGJ 146）规定，施工现场应对可回收再利用物资及时分拣、回收、再利用，施工现场严禁焚烧各类废弃物。施工现场应及时清理施工余料，保持施工环境的整洁，防止第三方污染；施工现场焚烧废弃物容易引发火灾，燃烧过程中会产生有毒有害气体造成环境污染。

9.2 保温工程

9.2.1 墙体自保温是指保温性能及承载能力同时满足设计标准要求，不需要另外增加保温层的墙体，墙体自保温体系具有工序简单、施工方便、安全性能好、便于维修改造及可与建筑物同寿命等特点，这种体系适合于四川省等夏热冬冷地区；保温与装饰一体化是指将保温和装饰或防水与保温融合在一起，采用全工厂自动化机械作业模式加工，现场直接安装，该体系由于工厂化生产使保温和装饰的品质得到有效保证，并且安装简单快捷；保温兼作模板是将保温板辅以特制骨架形成的模板，可使结构层和保温层连接更为可靠；全现浇混凝土外墙与保温一体化是指施工时将保温板置于外墙外模板内侧，并配辅助固定件，浇筑混凝土后使保温层与外墙墙体牢固连接。

9.2.7 本条规定了泡沫塑料类保温施工应符合的主要规定：

3 泡沫塑料是以合成树脂为基础制成内部具有无数小孔的塑料制品，它具有导热系数低，易加工成型等优点。现场喷涂硬泡聚氨酯，要求基层清洁，无潮气，若有露霜，应去除露霜，并干燥表面，环境温度高于 40 ℃ 时影响发泡效果，基层湿度太大易引起聚氨酯涂层起鼓。

9.3 防水工程

9.3.4 本条规定了卷材防水层施工应符合的主要规定：

1 对高分子自粘型防水卷材"采用预铺反粘"的施工方法，可在平整、坚固、无明显积水而潮湿的基面上铺设，这种施工方法可防止在卷材防水层与基层之间因发生窜水而导致渗漏的通病。

10 机电安装工程

10.1 一般规定

10.1.2 机电安装工程施工应对支架、管线进行集中预加工、现场组对、整体化安装；减少在现场加工的数量、规模，以实现"四节一环保"的目的。

10.2 管道工程

10.2.1 机械连接方式包括丝接、沟槽连接、卡压连接、法兰连接、承插连接等方式。

10.2.2 目前应用比较广泛的散热器主要包括铸铁散热器、钢制散热器、钢铝复合散热器等，应优先选用传热系数大、节能效果好的散热器，尽量避免在施工现场对散热器进行防腐作业。散热片组装应在专业预制加工基地内完成。

10.2.3 可采用机械法、化学法或电化学法去除油污；机械设备清洗清理出的油污、杂物及废清洗剂，不得随意排放，应按环保有关规定妥善处理。

10.2.5 现代建筑机电安装正朝着工厂化和装配化发展，其基本特点是将全部工作分为预制和装配两个阶段。根据现场实际情况，可以在施工现场附近设置专业预制加工基地，进行管段、组合件预制，然后运至现场进行装配安装，减少在线加工的工作量，以保证施工质量，节能降耗。

10.3　通风工程

10.3.2　本条规定了风管采用工厂化制作时的主要规定：

　　1　金属风管与配件制作宜采用高效、低耗、劳动强度低的机械加工方式。

　　2　预制风管下料宜按先大管料、后小管料，先长料、后短料的顺序进行，能拼接的材料在相关规范允许范围内要拼接使用，边角料按规格码放，做到物尽其用，避免材料浪费。

10.3.4　预制金属风管可采用角钢法兰连接、薄钢板法兰连接、C形或S形插条连接、立咬口等机械连接方式。

10.3.5　冷媒储存时应远离火种、热源，通常储放于阴凉、干燥和通风的仓库内，储存区域应有防泄漏措施；搬运时应轻装、轻卸，防止钢瓶以及阀门等附件破损，冷媒回收应符合规定，不得随意排放。

10.4　绝热工程

10.4.1　绝热材料及辅料进场应经检验合格，其化学性能应稳定，对金属不得有腐蚀作用。

10.4.4　本条规定了水系统、冷媒管道及配件的绝热层和防潮层施工，应符合的主要规定：

1 管道保温一体化技术是指保温层与管道同时制作生产，无需再进行现场保温层施工的技术。

10.5 电气工程

10.5.4 不间断电源的各项技术性能指标必须符合设计文件及产品技术文件要求，试运行时，其噪声标准应满足：正常运行时产生的 A 声级噪声不应大于 45 dB；输出额定电流为 5 A 及以下的小型不间断电源噪声不应大于 30 dB。

10.5.7 在民用建筑中，由于大量使用了单相负荷，如照明、办公用电设备等，其负荷变化随机性很大，容易造成三相负载的不平衡，即使设计时努力做到三相平衡，在运行时也会产生差异较大的三相不平衡，浪费资源，更对整个电网的正常运行带来了严重的危害。

11 拆除工程

11.1 一般规定

11.1.1 拆除方案应明确拆除的对象及其结构特点、拆除方法、安全措施、降噪和降尘措施、拆除物的回收利用方法、绿色施工措施等。拆除方法包括爆破拆除、静力破碎、机械拆除和人工拆除等。

11.1.3 建筑物拆除过程中要树立科学的环保理念，严格控制废水、废气、粉尘的产生和排放，剩余的废弃物应做无害化或符合填埋标准的处理。

11.2 施工准备

11.2.2 保护性拆除是指拆除过程有计划、按结构的合理顺序且最大限度保护结构构件不受损坏的拆除。破坏性拆除是指拆除时破坏构件，拆除后结构构件不再具备原有使用功能的拆除。

11.2.4 防止扬尘可以采取向被拆部位洒水、喷雾等措施，降低噪音选用低噪声设备或对设备进行封闭等措施，机械、设备应定期保养维护。

11.3 拆除施工

11.3.3 应根据建(构)筑物的体量计算倒塌时的触地震动力,采取相应的减震措施。

11.4 拆除物的综合利用

11.4.1 本条主要规定了建筑拆除物应分类收集、集中堆放、处理、封闭运输时应符合的主要规定:

1 建筑物拆除前应合理设置建筑拆除物的临时消纳处置场地,尽量减少占地,拆除施工完应对临时处置场地进行清理。

2 不得将建筑拆除物混入生活垃圾,不得将危险废弃物混入建筑拆除物。

3 拆除的门窗、管材、电线、设备、保温材料等应回收利用。

4 拆除的砌块、瓷砖、面砖应回收利用;拆除的混凝土经破碎筛分处理后,可作为混凝土再生骨料使用;拆除的沥青混凝土可用于再生沥青混凝土。

微信公众号：xnjdcbs
新浪微博：http://weibo.com/xnjdcbs
官方网站：http://www.xnjdcbs.com

诚信·质量·创新·服务

ISBN 978-7-5643-4704-8

9 787564 347048 >

定价：26.00元